CONTENTS 目录

人与自然

[法]玛丽·盖耶 著
[法]多纳西安·马里 绘
[法]冯克礼　曾海云 译

广西科学技术出版社

Marie Gaille

Dessins de Donatien Mary

VIVRE DANS ET AVEC
L'ENVIRONNEMENT

当我还是一个孩子的时候，我有一个邻居，那时他已经是一个成年人了。我和他经常对生活中的一些事情进行长时间的讨论。几年前，他离开城市去乡下定居了。我们仍然保持着这种交流。后来我成了一个哲学家，他也经常向我发问，对我进行“挑战”。一天，我们讨论了一些他特别关心的事情：**人类和环境之间的关系。**

苏格拉底
（前 469—前 399）：
古希腊哲学家。经常在公共场所同人谈论各种问题，特别是伦理问题。本人并无著作传世，其言行大抵见于其弟子柏拉图的一些对话体著作和色诺芬的《苏格拉底言行回忆录》中。

帕斯卡
（1623—1662）：
法国数学家、物理学家、哲学家。

康德
（1724—1804）：
德国哲学家，德国古典唯心主义的创始人。康德几乎每天都在同一个时间散步，镇上的人们会根据他出现的时间调整钟表。他散步的路线也是固定的：沿着同一条小路走 8 个来回。康德去世后，这条路被命名为“哲学家之路”。

哲学家与自然

邻：你们这些哲学家谈了很多关于自然的事情，却很少“身”入其中去谈！**苏格拉底**很少走出城门去进行哲学思考，他在宴会上沉思；**帕斯卡**说：“人类的不幸都来自一件事，那就是不知道如何安静地待在房间里。”思考自然可不像**康德**的散步：每天走在同一条线路上，然后就有新想法了！

我：没错，你说得对——与事物本身相比，哲学家对事物的本质更感兴趣。

邻：我们得好好谈谈这个问题！**笛卡儿**呼吁人要成为“自然的主人和拥有

者”。他根本不了解自然，却想拥有它。这有点过分了！

我：有些哲学家倾向于用思考的方式解决问题，他们不渴求揭开大自然的神秘面纱：他们尊重自然的奥秘。

邻：可是在陷入沉思时，人往往会忘记留意周围的事物。有一个流传了好几个世纪的故事。**泰勒斯**——对，就是提出泰勒斯定理的那个泰勒斯——在抬头观察星空时，不小心掉进了一口井里。来帮他的使女取笑他：“你渴望了解天上的事情，却连脚下的东西都看不到。”

我：然而，并非所有哲学家都对他们所处的环境视而不见。康德说过，有两件事让他越思考越觉得神奇，心中也越充满赞叹和敬畏：头顶的灿烂星空和内心的

笛卡儿
(1596—1650)：
法国哲学家、物理学家、数学家、生理学家。解析几何的创始人。

泰勒斯
（约前624—约前547）：
传说为古希腊第一个哲学家，米利都学派的创始人。

道德法则。这不是很让人感动吗？为了使人们理解**“崇高”的美学思想**，他描述从悬崖上脱落的巨大的岩石，具有毁灭性力量的火山，飓风和因它而变得狂暴的无边大海。这难道还不能说明他对自然奇观的关注吗？所以并不是所有哲学家都不关注环境，甚至可以说，环境对哲学家是很重要的。哲学家热衷于提出问题和给出定义，在他们的帮助下，我们能理解一些更深层的东西。我们前面说的“自然”其实更偏向于“环境”，指的是“我们周围的一切事物”，现在，我们可以加上“生存环境”这个意义了。就像鱼生活在水这样的环境中，所有生物都有自己的生存环境，但这些“环境”显然并不是同一个意思。

自然与环境

邻：这么说来，我们所讨论的并不是“自然”，而是**环绕在我们的周围，我们身居其中的“环境”，**是不是？

我：事实上，**自然和环境是不能混淆的。**在我所处的环境中，有森林和荒野，也有耕地和工厂。我的房子建在农村，树篱环绕，田野纵横，我想你可以叫它农田环境，但城市就在不远的地方。因此，它不是通常意义上的“自然”——一个未经人类干预的天然之地，而是人类根据需要定居和发展的空间。这相当微妙，因为人们故意这样设计，营造出一种这里仍

卢梭
(1712—1778)：法国启蒙思想家、哲学家、教育学家、文学家。

处于“天然原始”状态的印象。他们认为这样很美。**卢梭**在他所著的《新爱洛绮丝》一书中，想象了女主人公朱丽的美丽花园，在那里，花草树木天然地交织在一起。园丁刻意抹除了人工打理的痕迹，让过路的行人都能欣赏这迷人的自然风光。但我想我们都同意：这里的“自然”是“环境”的意思。

什么是环境

邻：真不容易定义。唉，毫无疑问，总有些人比哲学家更喜欢“四处游荡”，更不用说探险家、登山者、园丁和农民了，但最终这些人和哲学家都一样。大多数时候，他们并没有真正注意到他们周围的环境，以及他们的生活环境是由什么组成的：有多少人居住在这个环境里；这里的土地是荒芜的还是被仔细耕作过；这里是不是被布置得井井有条，有没有完全城市化；这里有什么独特的声音、气味、颜色；这里的气候与别处有什么不同；等等。

当你走进南方时……气候有时极度炎热，使身体完全丧失力量。这种软弱无力的状况会影响到人的精神……

——孟德斯鸠

我：但是我们周遭的环境会影响我们的情绪。**尼采**甚至说，环境影响了我们说话、思考和写作的方式：正是因为**马基雅弗利**呼吸了“佛罗伦萨干燥而微妙的空气”，他才以如此清晰而犀利的风格写出了《君主论》。但早在尼采之前，**孟德斯鸠**就写道：气候对人们及其所采取的政治生活方式并非没有影响，有些气候比其他气候更优越，法国则享受到了最好的——温带的温和气候。我们现在不这么说了，但这个理论使我们注意到环境对人们的重要性，它既限制了人们的生活，也给他们提供了无限的可能：**每个人都与他所处的环境有紧密的联系**，这个环境无所不包，**近到**每天踏过的小路，**远到**通过卫星图像看到或想象到的图景。

尼采
(1844—1900)：德国哲学家，唯意志论和生命哲学主要代表之一。

马基雅弗利
(1469—1527)：意大利政治思想家、历史学家，著有《君主论》。

孟德斯鸠
(1689—1755)：法国启蒙思想家、法学家。

汉娜·阿伦特
(1906—1975)：思想家、政治理论家，原籍德国，后入美国籍。

邻：人们脑中的地球是平的还是球形的，人们是否发现了新的大陆和新的行星，都会使世界变得不一样。我们在水里、在地面上或在失重状态下的感觉是完

1957年，一个人造的、在地球上诞生的物体，被发射到了太空中，在随后的数星期内，它绕地球航行……这个人造卫星打算留在太空中一段时间，它以与天体近似的方式在天上栖息和运行，仿佛它已被暂时允许加入它们的高贵行列。

——汉娜·阿伦特

话语从远方传来。它们先于我们存在，我们生来就在这个语言环境里。（想）认真地说这门语言，就得接受这一点。

——斯坦利·卡维尔

全不同的。

我：当然。而我们知道这些，部分原因是我们渴望学习，这种渴望来自对自然奥秘的探索冲动。正是它引导我们探索和发明适合不同空间的旅行方式。

邻：嘿，不要扯得那么快、那么远，我有点跟不上了。我们还在谈论周围的世界呢。所以是不是能这么说：环境就是我们生活在其中并不断变化着的周围的一切？

斯坦利·卡维尔
(1926—2018)：
美国作家、哲学家。

我：实际上，每个生物都生活在环境中。但是我们仍然需要知道环境意味着什么。是我们呼吸的空气，我们建造房屋的空间，以及邻近的森林吗？从我的生活出发，我也可以说“环境”是我的社会关系，我居住的城市或村庄，我的文化，甚至是我的语言。“周边环境”的概念就同时包含了好几层意思，“环境”更是如此。如果只保留其中一种含义，无疑会使它变得狭隘。

环境与适应

邻：我注意到一件事，并非每一种“环境”——不管这个词的意思是什么——都适合所有的生命形式。鱼就是一个很好的例子，因为它们离不开水。

我：是的，更不用说即使在水里，小鱼也会被大鱼吃掉。所以，为了避免被吃的命运，小鱼要么躲起来，要么游得更快。近年来，人们对生态方面进行了大量的思考。**环境科学将空间划分为“生态环境”和“生物群落”**，将生态系统根据它们或多或少有**同质性**的组成和特征划分归类。当一种植物的种子散落到生长地以外

同质性：
由相类似单元组成的组合的性质。

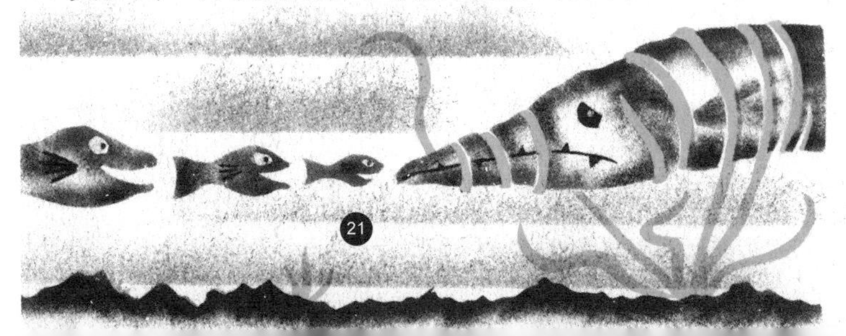

的地方时，人们很快就能看出它能否适应新环境。当把一种动物引入一个新的区域时，我们要考虑它能不能适应新地方，能不能顺利找到食物、繁殖后代，会不会危及这里原有的物种。在一个稳定的生态系统中，如果那里的动物和植物生活在相对和谐的环境里，而新物种的引入可能会打破这种平衡，我们会说生态系统受到了干扰，并且希望它能够得到**生态修复**，就像人体抵抗疾病一样。

生态修复：
对生态系统停止人为干扰，以减轻其负荷压力，依靠生态系统的自我调节能力和自组织能力使其向有序的方向进行演化，或者利用生态系统的这种自我恢复能力，辅以人工措施，使遭到破坏的生态系统逐步恢复，或向良性循环方向发展。

邻：我明白了。听起来就像“狼入羊圈”。

我：事实上，也不总是如此。一个生态系统可以以不同的方式被破坏和重组，获得一种与之前不同的平衡。**活下来的物种之间也许会有几种不同的共处模式。**

邻：只要它们能适应！

我：确实如此。就像攀登一座高山时，空气变得越来越稀薄，你呼吸得越来越快，可能还会头痛或头晕。你得一步一步慢慢地向上爬，这样身体才有时间去适应。与偶尔前来的登山者相比，那些世代生活在高原上的人很少有这样的反应。因为随着时间的推移，生物体发生了变化。这是达尔文在他最著名的作品《物种起源》中描述的一种机制。他曾乘船环游世界，观察自然和栖居于当地的物种，之后得出了生物进化的结论。这种变化可能发生在一代之内，也可能需要几代的演化，但是有一些限制。没错，人不能只依靠水和爱来生活！我们总得吃饭和睡觉，还需要许多其他东西。

达尔文
(1809—1882)：英国博物学家，进化论的奠基人。

邻：我明白了。自然给生物留下了适应的空间，无论是个体还是集体、过去还是现在，但这种空间并不是无穷无尽的。我们也有主动改造自然的余地。我们周围的环境迫使我们去做某些事情，但我们也可以**调整、创造、改变**它。作为人，我生活在一个环境中，必须以适应它的方式生活：住怎样的房子，吃什么东西，如何行动，等等。但我不像一块石头，被扔在路中间，什么也做不了。**我也可以做一些事改变我的环境：**种花，种菜，耕地，架桥，开发河岸，等等。我的邻居也在做同样的事，我们继承先辈过去的行为。最终，**有机体依赖环境而生存，但它自己也在塑造这个环境。**

物种之间的关系

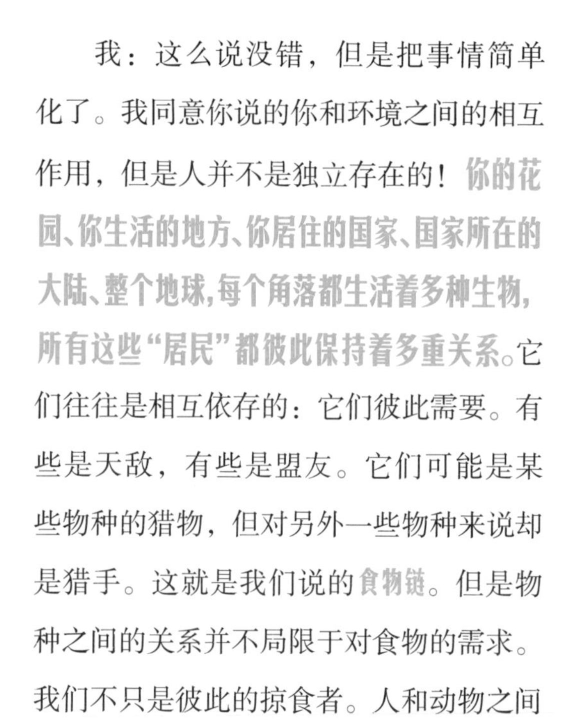

我：这么说没错，但是把事情简单化了。我同意你说的你和环境之间的相互作用，但是人并不是独立存在的！**你的花园、你生活的地方、你居住的国家、国家所在的大陆、整个地球，每个角落都生活着多种生物，所有这些“居民”都彼此保持着多重关系。**它们往往是相互依存的：它们彼此需要。有些是天敌，有些是盟友。它们可能是某些物种的猎物，但对另外一些物种来说却是猎手。这就是我们说的**食物链**。但是物种之间的关系并不局限于对食物的需求。我们不只是彼此的掠食者。人和动物之间

食物链：
生物群落中各种动植物和微生物彼此之间由于摄食的关系（包括捕食和寄生）所形成的一种联系。

的关系就是一个很好的例子。有一些野生动物，人类可能会害怕它们，想要消灭它们，至少把它们赶走。有些则是人类设法驯化、饲养的，把它们当作食物；或利用它们做劳力，比如马；或享用它们的产出物，比如牛奶、鸡蛋；还有一些是他们为了取乐而养在一起的，比如宠物。在这所有的行为中，人类认为自己是一切的中心!

人作为一种生物，避不开生存的一般规律。对一个人来说，环境是他感知到的世界，也就是他实际经验的领域。在这个领域，他的行为由固有的价值观主导和规范，选择对象并将它们彼此联系，他也将所有事物都与自己联系起来。这样一来，他最初适应的环境就是以他自己为中心的。

——乔治·康吉扬

生态危机

邻：现在有很多人担心环境问题。他们公开发表言论，聚在一起讨论、抗议，他们通过写作、制作电影、拍纪录片探讨环境问题。我有时会坐在菜园里的长凳上，看着花园蜿蜒地向下延伸到田野的边缘和下面的小山谷，在平静无风的日子里，还可以听到河水流过的声音。我也从不会错过日落，那真是美极了。我对自己说，如果有一天这一切都消失了…… 那真是太可怕了！

我：这让我想起了**蕾切尔·卡森**的《寂静的春天》，这本书1962年在美国出版时

乔治·康吉扬
(1904—1995)：
法国哲学家。

蕾切尔·卡森
(1907—1964)：
美国生物学家，
被视为当代环保
运动的先驱。

引起了轰动。卡森本人对海洋中的生命非常感兴趣，她在这本书的开篇描绘了一些景象。在一个如田园诗般美好的小镇中，绿树葱葱，动物成群，农场、树林、村庄和谐地共处。可是由于化学药剂的滥用，突然之间，这里变成了一个恐怖、死寂和荒凉的地方。这些景象在当时还不存在，可是现在我们都能在新闻中看到。“想象一下，”她说，“在这片鸟儿不再歌唱的土地上，一片寂静！”如果我们还没有意识到生态危机，那么在不久的将来这就是我们要面临的问题。

邻：她是不是有点夸张了？

我：生态危机是我们必须意识到的。不管怎样，她提出了发人深省的问题。如果生态危机在人们的脑海中仍是一

想到大自然在说话，人类却从不倾听，真是可悲。

——雨果

个抽象的概念，看不见、摸不着，或者我们认为它非常遥远，那么我们就不会关心它。对那些想提醒我们的人来说，时间上的距离、空间上的距离、问题怎样引起注意都是大难题。这就是为什么有些人会借助我们的想象力和敏感性来叫醒我们！对他们来说，整个人类正面临着一场**生态危机——人类赖以生存的土壤和资源正被消耗殆尽**，而人类活动所造成的破坏有时是无法挽回的。更有甚者，呼吸、饮水或进食都会让我们在不知不觉中感染疾病。这场危机还包括臭氧层空洞和全球变暖。这是人类历史上的一个转折点：**一个决定性的时刻，如果人类能意识到危机并采取行动，那么还为时不晚。**

雨果
(1802—1885)：法国作家。法国浪漫主义文学的重要代表。代表作有《巴黎圣母院》《悲惨世界》等。

莱布尼茨
(1646—1716)：德国自然科学家、数学家、哲学家。

爱默生
(1803—1882)：美国散文家、诗人。

邻：这些想法是最近才产生的吗?

我：是，也不是！很长时间里，我们都认为环境是有危险性的。1680年，**莱布尼茨**做了一个设想：通过建立一个为所有人服务的货币储备，一个共和国可以保护自己免受自然灾害（火灾、洪水等）的影响。他举了一家航运公司的例子，他们有这样一个货币储备系统，处理因海上风暴造成的损失。19世纪时**爱默生**曾说，大自然在道德上是冷漠的：非善，也非恶。

大自然就像一株美丽的兰花，但它同时也是一场风暴，摧毁所到之处的一切!

人类与环境

伏尔泰
(1694—1778)：
法国启蒙思想家、作家、哲学家。

邻：很少有人认为，在一些所谓的自然灾害中，人类才应该负起责任。

我：然而在1755年，葡萄牙的首都里斯本发生可怕的地震之后，卢梭和伏尔泰这两位伟大的启蒙思想家对这个问题进行了争论。这场地震中有约7万人丧生，城市中大部分建筑被毁。对卢梭来说，死伤如此惨重不仅是因为地震，也因为人们在一个危险的地点建造了人口密集的社区这一错误决定。

邻：这也是近年来一些人对自然灾害的看法，比如2004年的印度洋海啸和

2005年席卷新奥尔良的卡特里娜飓风。

我：是的，但环境仍然被认为是危险的。因为环境也包括我们的生活环境、工作环境 。在19世纪发生工业事故后，

大多数肉体上的痛苦还是我们自己造成的。还是以您的主题里斯本为例吧，自然并没有在那儿建起2万多栋七八层的楼房，假如这座大城市的居民住得更分散些，损失就不会如此惨重，人们甚至可能毫发无损。大地稍一晃动，人们就可以四下疏散，第二天我们会在20千米开外的地方与他们重逢，大伙儿高高兴兴，就像什么事都没发生过一样。

——卢梭

例如机器爆炸，与工业有关的工作很难不被认为是危险的。21世纪初，法国图卢兹的AZF化工厂发生爆炸，造成了大量的伤亡和巨大的破坏。住在附近的人肯定认为他们的周边环境很危险，更不用说在那里工作的人了。

邻：我了解到，至少从19世纪开始，许多政府机构以及民间组织就试图通过预测自然灾害或及时抢险救灾，来对抗它们的风险和危害。而现在**正是人类把环境置于危险之中**，也把自己置于危险之中，不是吗？

我：是的，这是一个整体。人们感觉灾难发生得越来越频繁、危害越来越大，特别是在人类行为的影响下，而这种感觉又不断强化了“环境很危险”这一观念。一些科学家，如**保罗·克鲁岑**，提出了一个新的地质时代——人类世，来描述人类活动对地球的影响占据主导地位的阶段。这个时期大概从18世纪末开始，人类活动对气候及生态系统造成了全球性影响。

保罗·克鲁岑：生于1933年，荷兰化学家和气象学家，1995年获诺贝尔化学奖。

邻：我常常听到这样的说法，人们不能再像以前那样肆意妄为了。人类的行为破坏性极强，对自然环境、自然资源以及其他生物都有危害，而且人类并不知道适可而止，特别是在利益受到威胁时。人类总是在不断突破底线。

我：是的，当科学家警告我们不要在远离人类视线的深海中开采矿物时，引发了许多问题。你在开头引用了笛卡儿的这句话："自然的主人和拥有者。"你想象不到，现在有多少人批评它！甚至男性也遭到了批评，生态女性主义者尤为谴责男性的支配和征服行为。她们谴责男性倾向于控制自然，就像男性倾向于控制女性，而女性则努力照顾自己的孩子、周围的人和环境。但是也要注意：有些女性的行为也是这种“男性行为”！更广泛地说，极度追求个人利益、掠夺和浪费资源、破坏环境使其退化的行为都应该被指责。我们必须关注大自然，发展另一种形式的关系，在对待大自然和它的居民时要更加注意尊重和节约。

饮水思源。

——中国谚语

环境与发展

邻：现在很少有人会否认，生态危机已经在全球范围内发生。

我：是的，但并不是每个人都认同它的真正含义。人们对寻找解决方案的态度也有很大差别。人们总能听到或看到科学家之间的争论，但要跟上他们的想法，达成一致的意见，并不总是那么容易。我们都知道，频繁接触化学物质会诱发疾病，想想那些经常使用农药的农民吧。但是当有其他因素同时存在时，我们就会说这种接触并不是疾病的起因，也不会因此改变我们的习惯。而在其他情况下，你知道的，如果存在生态问题却不采取任何解决措施，那么就不是因为一个人无知或人们意见不一致，而是因为许多利益发生了冲突。我们经常处于各种力量的平衡中，而这种平衡正是最重要的。

邻：我听说，现在一些发展中国家还处在以污染换发展的阶段。在1个多世纪前实现工业化的国家也曾经历过这样的阶段，得到了很深刻的教训，因此这些国家正在试图改革他们的生产方式。这些教训似乎并没有得到其他国家的足够重视。

我：是这样的。这些国家的做法是对是错呢？这很难判断！同样，如果一个人买食物时不选择环境友好型的，原因是这种食物太贵了，难道我们就能指责他吗？必须考虑到经济的不平等。事实上，为了共同对抗贫困和更大的环境风险，20世纪80年代诞生了环境正义运动，呼吁无论穷人、富人，发达地区、不发达地区，都能平等地享受环境资源与生存空间。有时，我们内部也存在利益冲突。假如你住在河岸边，因此享受着周围的美好环境，但同时你的房子也在洪水区内，那该怎么办呢？你是会为了躲避洪水而离开，还是甘愿冒这个险留下？

为什么讨论生态危机

邻：我有一个美好的愿望，我希望人类能够**发展出全新的生活方式、生产方式和消费方式**。如果走到了死胡同里，他们将不得不这样做。但有一件事我不太明白：当我们谈论生态危机时，我们是在拉响警钟，对吧？但真正的原因是什么？

我：很难说。我们没有等到这场“生态危机”所呼唤的环境伦理和环境政策的发展。在西方国家，从19世纪末开始，美国就对人与自然的关系进行了反思。广阔的户外、无垠的森林、野生和原始的地方启发了美国人！20世纪上半叶，

林业家**奥尔多·利奥波德**认为，人类与动物、植物和土地之间的关系需要伦理（道德规范）来界定。但动物、植物和土地却只被视为侵占的对象，人并没有意识到他们对此负有责任。然而时代变了。

奥尔多·利奥波德
（1887—1948）：美国林业家和生态学家，环境保护主义者。

邻：你的意思是现在有了**土地伦理**吗？

我：我想说甚至有好几种！同样，事情很复杂。这个问题引起了哲学家极大的兴趣，但也使他们产生了分歧。基本上，一方面，存在以人类为中心的立场：人是自然的中心，人类自身是人在自然中活动和改造自然的目的；另一方面，是以生命为中心的立场：每一个活着的实体都有其自身的价值，一种内在的价值。其他生物的存在意义**不是为了人的利益而牺牲，它们与人处于平等的地位：人类并不特殊，没有特权。**

以人为中心和以自然为中心

邻：那些把人放在一切事物的中心的人和那些更重视自然的人有什么不一样？

我：很难说。但是，一个以人类为中心的人，以金钱来衡量环境的价值，这在一个以生物为中心的人眼里，简直罪大恶极！有些人从经济的角度来评估环境。他们将环境视为一种资源，对那些谴责这种做法的人，他们的回答是，通过给环境定价，它将得到更好的保护，以免受污染者和掠夺者的破坏。但是，人们一定要根据事物对我们有没有用来评价它们吗？

我们的教育和经济模式正使我们渐渐失去……强烈的土地意识。典型的现代人让许多中介和无数的小玩意把他们与土地分隔开来。他们与土地没有重要的关系……让他们到大自然中走一天，如果这个地方不是高尔夫球场或所谓的风景名胜区，他们会感到极度无聊。

——奥尔多·利奥波德

亚马孙雨林
4,9
4,5
4,1
北极熊
6,6
6,8
5,2
3,6
3,8
虎
5,2
5,1
猿
3,5
7,2
3,5
伊鲁瓦斯湾
2,7
2,2
2,9
栎树
珊瑚礁
2,5
2,5
2,9
蓝鲸
4,8
4,5
4,1

邻：我想人类中心论者和生物中心论者之间的争论会很激烈！

我：是的，这很正常。说到底，这涉及基本思想：**我们如何看待人的地位，如何看待他与生物的关系，如何看待他的活动、他的生产和消费方式、他的生活选择和空间规划**。所有这些都与环境伦理有关。**想想你把什么放在了你的盘子里！要知道，你选择的食物可能会决定一种经济模式，甚至是一个社会的存亡**。利奥波德也是一位猎人，但他呼吁根据自己的需要来狩猎，并尊重动物的繁殖周期。他肯定不会和一个百分之百的素食主义者或一个“猎杀不眨眼”的猎人坐在同一张桌子上！他每天在自己的农场里喂养家禽，让它们在田野里自由地奔跑，他会对买**“电池饲养”**产品的人说些什么呢？

电池饲养：
动物被饲养在与身体一般大小的笼子中，在短暂的一生中像被安装在电池槽里的电池一样，不能自由活动，只有维持基本生命的吃、喝、排泄。比如养鸡场里的笼养产蛋鸡。

人类的责任

邻：好吧，我想作为一个人，我承担着特殊的责任，因为我的家禽并不关心环境！在我的农场里，我是唯一一个关心环境的人。我想到了我的子孙后代。我要留给他们什么呢？

生物圈：
地表生物有机体及其生存环境的总称，是地理壳的组成部分。包括海面以下约11千米到地面以上约10千米。

我：这些都是重要的问题。有些人和你有一样的想法，认为人类因为自己的特殊性和独特性，在地球上应该扮演一个特殊的角色：地球守护者和地球生物守护者。守护范围甚至超出了**生物圈**。这既是为了他们自己和他们的孩子，也是为了孩子们的后代。如果我们能让动物和植物说话，使它们与人类平等地相聚、对话，那样的话，每个生物都能平等地思考我们在环境中的所作所为，思考我们是怎样对待环境的，但我们还没有找到实现这个目标的方法。不过，人们可以设定目标，将所有这些生物都纳入自己的政策，例如**保护生物多样性，也就是保护地球上所有物种、基因和生态系统**。也可以从长远考虑，发展新型的生产生活方式，而不是**焚林而田，竭泽而渔**，通过消耗未来几代人的资源，或对地球造成不可逆转的伤害——这就是**可持续发展**的理念。早在20世纪80年代，**米歇尔·塞尔**就提出了“自然契约”的理念，呼吁人们减少对地球的干预。很多人认为这

可持续发展：
一种要求自然、经济、社会协调发展的社会发展理论和战略。*1987*年，国际环境与发展委员会首次将其定义为“在不牺牲未来几代人需要的情况下，满足我们这代人的需要”。

米歇尔·塞尔
(*1930—2019*)：
法国哲学家。

个想法很疯狂，但事实上，它可能并不那么疯狂。

邻：我们也应该停止把大自然当作垃圾桶，停止把垃圾掩埋起来：看不到并不代表垃圾不存在。甚至还有关于“第七

如果新型人类行动意味着我们必须不仅仅考虑"人"的利益，那么我们的责任就进一步变大了……问问人类以外的生物生存的状况……就知道，自然并不是人类的财产，它对我们有某种道德上的要求，不仅仅是为了我们自己的利益，也是为了它自己的利益和权利。

——汉斯·约纳斯

汉斯·约纳斯
(1903—1993)：
德国哲学家。

拉瓦锡
(1743—1794)：
法国化学家。

大洲”的报道：人类制造的塑料垃圾通过河流堆积在海底，形成了“大陆”。但是使用更环保的材料并回收利用，并不是那么复杂！在我的农场里，我尽可能地运用**拉瓦锡**的原则：“无所失，无所得，一切都在转换之中。”

我：但是从海洋到你的花园，中间有漫长的距离。可能你没有意识到，你已经指出了环境政策的一个关键问题。当你在时间或空间上距离生态问题太远时，你就不会注意到它。只有在自己的日常生活中、在与周围人的关系中能体验到它时，我们才会关注它。但是，有些问题仍然遥不可及，随着时间的推移，一些看似无关紧要的行为在无意中逐渐积累，这些问题才会显露出来。臭氧层的空洞影响着每个人，但是没人能用肉眼看到它！这就是为什么**关心环境正义的哲学家们会思考如何将不同层面的行动和思想联系起来。这些行动和思想包含3个层面：地方、国家和全球。**

邻：情况真不简单。

我：的确如此，但清醒并不意味着绝望。“革命始于一根稻草。”**福冈正信**说。虽然我可能是一个哲学家，但我想在最后以一个园丁的视角，来结束与你的交流。

邻：你是想到了伏尔泰吗？在《老实人》的结尾，他写道：“现在得打理花园了。”

我：不，这次不是，你得与时俱进！我想得更多的是**吉勒斯·克莱门特**。在通过创

福冈正信
(1913—2008)：日本农民、哲学家。

吉勒斯·克莱门特：
生于*1943*年，法国生物学家、园艺师。

协调地方性和全球性的问题需要政治的桥梁作用，借助政治，我们可以处理危机，在有环境正义问题的政治社区中，我们可以表达对自然和生命的尊重。

——凯瑟琳·拉雷尔和拉斐尔·拉雷尔

建“行星花园”来促进相互融合和交流之后，他又建立了“运动花园”，在这种花园里，园丁要尽可能少地干预园中的一切。随后他又请求建立“抵抗花园”。学习如何更好地在环境中生活、更好地与环境相处，需要在每一个层面——地方、国家和全球——投入大量的决心和精力！

凯瑟琳·拉雷尔： 生于1944年，法国哲学家。

拉斐尔·拉雷尔： 生于1942年，法国农业工程师和社会学家。

“抵抗花园”指的是在保持自然与人之间的平衡的标准下发展园林艺术的所有公共和私人空间……注意保护每一种系统，保护生物的多样性，最大限度地尊重生命的支持系统（水、土壤和空气），最大限度地维护共同利益和依赖这一共同利益的人类。

——吉勒斯·克莱门特

65

著作权合同登记号 桂图登字：20-2020-165号

图书在版编目（CIP）数据

人与自然 / （法）玛丽·盖耶著；（法）多纳西安·马里绘；（法）冯克礼，曾海云译. —南宁：广西科学技术出版社，2021.3（2021.5重印）
（思考的魅力）
ISBN 978-7-5551-1505-2

Ⅰ.①人… Ⅱ.①玛… ②多… ③冯… ④曾… Ⅲ.①人类活动影响—自然环境—青少年读物 Ⅳ.①X24-49

中国版本图书馆CIP数据核字（2021）第013279号

REN YU ZIRAN

人与自然

［法］玛丽·盖耶 著 ［法］多纳西安·马里 绘 ［法］冯克礼 曾海云 译

策划编辑：蒋 伟 王滟明 付迎亚
责任审读：张桂宜
装帧设计：潘振宇 774038217@qq.com
责任校对：张思雯
营销编辑：芦 岩 曹红宝
责任编辑：蒋 伟
版权编辑：尹维娜
内文排版：孙晓波
责任印制：高定军

出 版 人：卢培钊
社 址：广西南宁市东葛路66号
电 话：010-58263266-804（北京）
0771-5845660（南宁）
传 真：0771-5878485（南宁）
出版发行：广西科学技术出版社
邮政编码：530023

经 销：全国各地新华书店
印 制：唐山富达印务有限公司
邮政编码：301505
地 址：唐山市芦台经济开发区农业总公司三社区
开 本：787mm×1092mm 1/32
字 数：25千字
印 张：2.25
版 次：2021年3月第1版
印 次：2021年5月第2次印刷
书 号：ISBN 978-7-5551-1505-2
定 价：18.00元